宇宙探秘

［比利时］亚历山大·瓦因伯格　编著

［阿根廷］古斯·雷加拉多　绘图

［中　国］春　晓　翻译

图书在版编目（CIP）数据

宇宙探秘 /（比利时）亚历山大·瓦因伯格编著 ;（阿根廷）古斯·雷加拉多绘 ;（中国）春晓译.
— 青岛 : 青岛出版社, 2019.8（图解百科）
ISBN 978-7-5552-7365-3

Ⅰ. ①宇… Ⅱ. ①亚… ②古… ③春… Ⅲ. ①宇宙 - 儿童读物 Ⅳ. ① P159-49

中国版本图书馆 CIP 数据核字 (2019) 第 036409 号

本书中文简体版专有出版权经由中华版权代理总公司授予青岛出版社
山东省版权局著作权合同登记号：图字 15-2017-368 号

书　　名	宇宙探秘
编　　著	［比利时］亚历山大·瓦因伯格
编　　绘	［阿根廷］古斯·雷加拉多
翻　　译	［中国］春　晓
出版发行	青岛出版社（青岛市海尔路 182 号，266061）
本社网址	http://www.qdpub.com
策　　划	宋来鹏
责任编辑	张　晓
特约编辑	王春霖
制　　版	青岛艺鑫制版印刷有限公司
印　　刷	深圳市国际彩印有限公司
出版日期	2019 年 8 月第 1 版　2019 年 8 月第 1 次印刷
开　　本	16 开（889mm×1194mm）
印　　张	4
字　　数	100 千
印　　数	1—4000
书　　号	ISBN 978-7-5552-7365-3
定　　价	48.00 元

编校印装质量、盗版监督服务电话　4006532017　0532-68068638

目 录
Contents

宇宙

宇宙 / 2

大爆炸 / 4

星系 / 6

银河系 / 8

恒星 / 10

恒星的生命 / 12

太阳系

太阳系 / 14

太阳 / 16

水星 / 18

金星 / 20

地球 / 22

一年四季 / 24

月球 / 26

火星 / 28

木星 / 30

土星 / 32

天王星与海王星，那冥王星呢？ / 34

彗星、小行星和陨石 / 36

宇宙观察

宇宙观察 / 38

宇宙探索

宇宙探索 / 40

生活在地球之外 / 42

拜访月球 / 44

成为宇航员 / 46

太空机器人 / 48

外星生命

外星生命 / 50

一些开放式思维的问题

一些开放式思维的问题 / 52

名词解释及索引表

名词解释及索引表 / 54

宇 宙

宇宙在变大!

在离我们很远很远的地方，有数不清的星系（参见第6—9页）。你知道吗？宇宙正在不停地膨胀，越变越大呢！宇宙无边无际，我们人类居住的地球并不是它的中心。天体在宇宙中的位置，就像上面这个小姑娘吹的气球表面的"星星"图案一样：气球越大，天体之间就越远，谁也无法占据气球的中心。

太空有什么?

宇宙包罗万象：星系*、星团*、恒星、行星……正如我们的地球围绕着太阳运转一样，其他行星也围绕着各自的恒星转动，恒星汇集成一个个星系。我们地球所在的星系叫作"银河系"。银河系里有超过1000亿颗恒星，其中一些恒星足有太阳的100倍大！在宇宙中，有些天体的重力大得惊人，以至于在这些天体的表面，一副多米诺骨牌就像地球上的珠穆朗玛峰那么重！除此之外，还有一些天体能够把体积庞大的恒星吸到自己的"腹"中，并让它们永远消失。

有些恒星会爆炸、死亡，并产生比1000个太阳释放出的所有能量还要强烈的能量，这种恒星被称为"超新星"*。

在我们的地球周围，还时不时会有彗星*经过。它们和地球一样，围绕太阳运转，若干年回来一次。还有一些小陨石*，有时会靠近地球，掉进大气层之后，"咻"的一声燃烧起来——这就是流星*。

宇宙之大，无奇不有。那么，大家准备好开始我们的神奇之旅了吗？

你在哪里？

你生活在地球上。　　这是地球。

注意：这一页图中的天体级别和大小相差很大！

星系①

星云*

超新星：爆炸中的恒星

彗星

星系②

星团

太阳

行星①

行星②

这是地球和太阳系中的其他行星。

这是包含着我们所在的太阳系的银河系。

这是宇宙中的几个星系。（其中有我们的银河系。）

大 爆 炸

宇宙的诞生

没有人知道"以前"是什么样子的。约140亿年前的某一天，宇宙突然发生了大爆炸。爆炸刚开始不久，整个宇宙热极了，温度高得远远超出你的想象。原本宇宙中什么都没有，突然，不到1秒钟的时间，物质产生了。之后，宇宙在膨胀过程中迅速冷却，并伴随大量云团产生，形成了后来的星系——包含成千上万的星系以及各自的恒星。

大爆炸回波

大爆炸之光仍以无线光波*的形式存在于太空中，尽管现在已经很微弱了。这种无线光波于1964年被德裔美国人彭齐亚斯和美国人威尔逊这两位无线电工程师发现。当时两人正在校准他们的无线电望远镜*，试图消除他们起初以为是干扰音的声响。他们凭借这一发现获得了诺贝尔物理学奖。

根据COBE（宇宙背景探测器）以及WMAP（威尔金森微波各向异性探测器）两大人造卫星在各个方向的测量，我们发现：这些光波在不同的地方强度是不一样的。于是，科学家们就开始讨论：这种差异与宇宙目前的结构是否一致？

1.首先，大爆炸产生了粒子*，形成了后来我们所熟知的物质。

宇宙的未来

宇宙的未来取决于宇宙中物质的总和。天体之间具有相互吸引力，使它们得以尽量靠拢。然而，人类目前还不知道这个物质总和是多少。如果这个数量降得太低，宇宙将会变得不够"紧密"，从而在减速的过程中永

4.恒星诞生的同时，在它周围形成了行星。右图是带光环的土星。

3.恒星在气体云团内诞生。

2.巨大的云团（主要是氢*）在大爆炸时产生，形成一个星系。

无止境地膨胀下去……如果这个数量大于临界值，那么膨胀会慢慢减弱、停止甚至开始缩小，并且速度越来越快，温度越来越高，最终发生可怕的聚爆（爆炸的反义），被称为"大坍缩"。

然而，最新一些数据却显示，宇宙的膨胀正在加速。这是为什么呢？目前还没有确切答案。加油吧，宇宙未来之谜正等待你来破解！

星系中心的"捉迷藏游戏"

大部分恒星是围绕它们所处星系的中心运转的。人们认为：那个中心有可能藏着一个巨大的黑洞*，能让附近的恒星消失。

不久前，人们在银河系中心发现了一个黑洞。它就躲在一片由星星和尘埃构成的星云当中，所以不容易被发现。

星　系

恒星部落

从远处看，星系像一个个朦胧的星星，也像一片片模糊的云。实际上，星系是一些巨大的星群，单单一个星系就有几千亿颗恒星。此外，还有宇宙尘埃*、气体云……它们聚集在一起，就像一个个缓缓移动的"羊群"。在我们居住的银河系，有超过1000亿颗恒星，太阳只是其中之一。

我们的银河系是旋涡星系，因为它有若干条旋臂，呈螺旋状围绕着它的中心。很多星系和银河系形状一样，不过也有别的形状，如椭圆星系、棒旋星系以及不规则星系。

宇宙中的星系数量到底有多少呢？让我来告诉你吧，宇宙中的星系就像撒哈拉沙漠中的沙子一样多！

星　系　团*

在遥远的银河系外，还有上千亿个星系。它们并不是分散地存在于宇宙中，而是聚集起来形成一个个集团。目前，人们已经发现了上万个星系团。

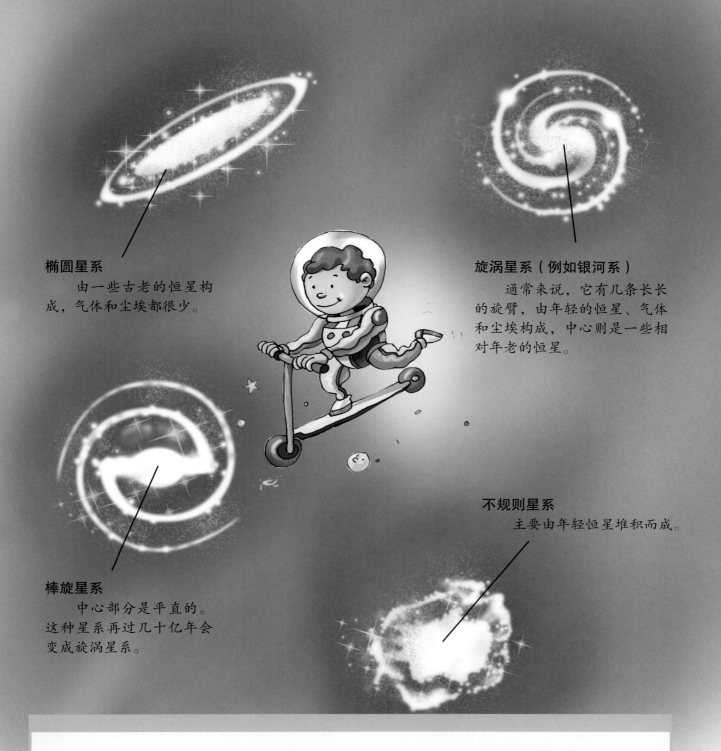

椭圆星系

由一些古老的恒星构成，气体和尘埃都很少。

旋涡星系（例如银河系）

通常来说，它有几条长长的旋臂，由年轻的恒星、气体和尘埃构成，中心则是一些相对年老的恒星。

棒旋星系

中心部分是平直的。这种星系再过几十亿年会变成旋涡星系。

不规则星系

主要由年轻恒星堆积而成。

我们的邻居——仙女座星系

仙女座星系是我们用肉眼所能见到的最遥远的天体，也叫"M31星云"，因为它在法国天文学家查尔斯·梅西耶编写的天体目录中编号为31。仙女座星系的体积是银河系的两倍，它正以275千米/秒的速度向我们靠近。所以，有可能出现的情况是：约60亿年之后，仙女座星系将"吞噬"我们的银河系！也就是说，两个星系将会合并——那必将给人类带来灾难。

银河系

我们的星系

好大呀！

光的速度非常快，从月球到地球，只需要1秒多钟。那么，你猜它穿越我们的银河系要多久呢？答案是10万年左右！让我们再从另一个角度看看银河系有多大：如果我们把银河系想象成北京市的地理面积那么大，那么太阳系就和北京市街头的一枚硬币一样大！

如果在一个晴朗的夏夜仰望星空，你会发现有个地方聚集着比别处更多的星星，就像一条隐约发光的条带，把天空分割成两半。古希腊人把它命名为"银河"，因为对他们来说，这些星星让他们联想到的是无穷无尽的牛奶！事实上，这只是我们银河系的侧影。我们仰望银河系时，并不能看到它的旋涡形状，原因是我们在它"里面"——在它的一条旋臂里面，靠近整个星系外边缘的地方。

宇宙

如果你用天文望远镜从远处观察，那么银河系从侧面看就是这个样子的。我们可以清楚地看到中心的球体（中间稠密的地方）和扁平的外围。

从"上面"俯视银河系：中心的黄色球体布满古老的恒星，有着长长的旋臂。我们大概在图中火箭箭头所在的位置。

不同的速度

我们的银河系有超过1000亿颗恒星，其中大部分的恒星位于银河系的中部。银河系围绕它的中心自转。人们发现，它的中心比外围（螺旋状长臂所在的地方，也就是那些被中心牵引着的恒星）转得快。

远离银河系中心的太阳，正以约7万千米/时的速度（带领着它的行星队伍）遨游太空！但是，银河系实在是太大了，以至于绕银河系一圈要花上2亿多年的时间！

恒 星

夜晚的光辉

你在夜里看到的那些发光的小点，就像无数轮照亮天空的"太阳"。它们实际上是一些庞大的带电的气体球（主要是氢），能够散发出巨大的能量，因为在恒星的中心，也就是压力最大的地方，发生了一种叫作"核聚变"的反应——氢转化成另一种气体氦*，并释放出巨大的能量，表现为光和热。光往恒星外传播，使恒星表面沸腾，然后消失在太空中……同时消失的当然还有各种各样的粒子。可以说，恒星就是一些永恒（几十亿年之久）爆炸中的巨大炸弹。

天宫图

你是否认识它们？它们就是黄道十二宫，是星座*！为什么有12个星座呢？如果我们画一条从地球开始穿越太阳中心的虚拟线，这条线就会对准一个星座。由于地球绕着太阳转，一个月之后，这条线就又对准了另一个星座。以此类推，每年12次，太阳就会瞄准12个不同的星座，这些星座就被称为"黄道十二宫"。

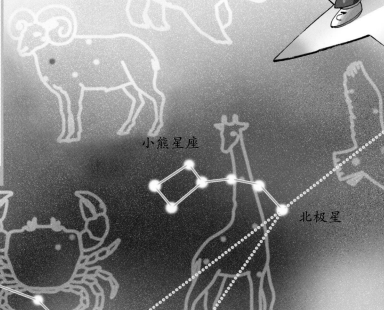

小熊星座

仙后座

北极星

大熊星座

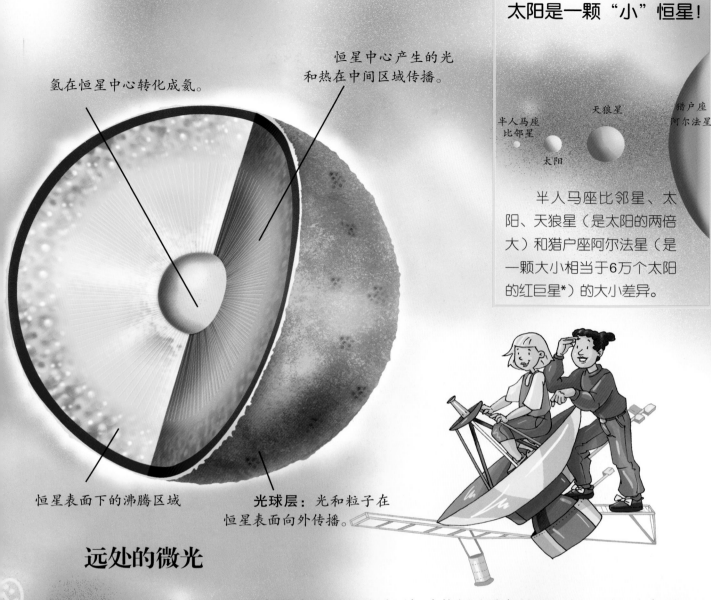

氢在恒星中心转化成氦。

恒星中心产生的光和热在中间区域传播。

恒星表面下的沸腾区域

光球层：光和粒子在恒星表面向外传播。

太阳是一颗"小"恒星！

半人马座比邻星

太阳

天狼星

猎户座阿尔法星

半人马座比邻星、太阳、天狼星（是太阳的两倍大）和猎户座阿尔法星（是一颗大小相当于6万个太阳的红巨星*）的大小差异。

远处的微光

星星是如此遥远，它们的光芒要经过千万年才能抵达我们这里。抵达时，它们的光线已经非常微弱，以至于在白天被湮没在明亮的蓝色光之中。只有到了晚上，你才能看到这些星星。不过，由于大气气流、活动气云及尘埃的影响，它们看上去总是一闪一闪的。

大熊星座

从远古时代起，人们便把那些看上去挨得近的星星组合成一个个不同的形状（物品、动物、神灵等），每个形状构成一个星座，因此就有了仙后座、南十字座、大熊座等。如果把大熊星座中7颗最明亮的星星连接成线，就能勾勒出一个平底锅的形状。小熊星座则像一个小平底锅，锅柄的末端就是北极星——为我们指明北方的那颗星。

11

恒星的生命

平均寿命：数十亿年

恒星诞生于大片气体云（尤其是氢）的收缩*。起初，气体云缓慢自转，里面的物质慢慢地向中心聚集，随后收缩得越来越快，温度越来越高……数百万年之后，气体云成为一个稠密的带电氢球。由于压力大、热量高，氢转变成氦。这种转化（核聚变反应）产生了巨大的能量并释放出光和热。当所有的氢都被消耗掉转变成氦时，这个恒星就膨胀成一颗红巨星！最后，这个恒星要么变成白矮星*，要么成为中子星*或黑洞。

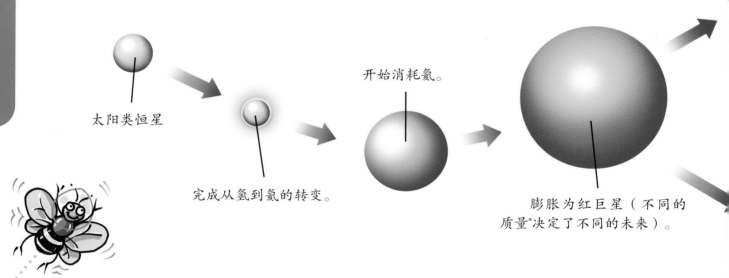

太阳类恒星

完成从氢到氦的转变。

开始消耗氦。

膨胀为红巨星（不同的质量*决定了不同的未来）。

埃里克斯星云

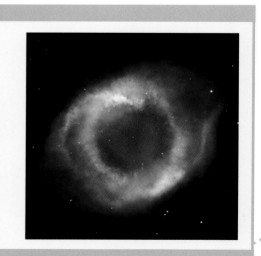

小恒星在生命末期会向内坍缩，并把自身的一部分物质抛向太空形成一个气体环——星云。埃里克斯星云是离我们最近的星云。

虽然已经成为几乎不可见的白矮星，但它依然会释放出强大的能量，这种能量"点燃"了星云，赋予星云耀眼的橙色光环。

如果质量是太阳的1.5倍以上，它会继续膨胀。

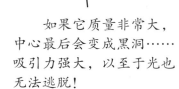

如果它质量非常大，中心最后会变成黑洞……吸引力强大，以至于光也无法逃脱！

黑洞

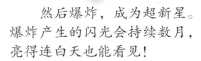

然后爆炸，成为超新星。爆炸产生的闪光会持续数月，亮得连白天也能看见！

中子星

如果它质量没那么大，中心部分会变成中子星。虽然小，但是密度非常大：在那里，一枚小小的顶针都有地球上的珠穆朗玛峰那么重！

它会发生坍缩，并向外抛射一种气态星云，湮没在太空中。

并在几十亿年之后渐渐熄灭。

如果质量低于太阳的1.5倍，它会变得不太稳定。

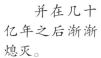

恒星中心变成白矮星……

太 阳 系

行星旋转

太阳系的每颗行星都以自己的节奏围绕着太阳运行，并在太阳周围画出一条曲线，称为"轨道"*。

行星围绕太阳公转*的周期如下：

水　星：88天

金　星：32周

地　球：1年

火　星：1年又46周

木　星：12年

土　星：29.5年

天王星：84年

海王星：165年

恒星和它的行星部落

太阳和它周围的一切构成了太阳系。太阳系包括太阳、行星以及它们的卫星、小行星*、彗星、尘埃等。诞生太阳的氢云在最初的自转收缩的过程中丢失了一些碎片，这些碎片远离中心的星云，慢慢形成了若干个行星。有些行星有着岩石外壳，比如地球和它的邻居们，其他一些更远的行星则大多呈气体状。它们之间的区域内运行着一些小行星。所有这些天体都围绕着太阳运行。

金星

火星

水星

地球和月球

太阳

太阳系不再是九大行星！

如今，太阳系共有8颗行星。原本太阳系有九大行星。但是，2006年冥王星被国际天文联合会除名。（见第34、35页。）

天王星

海王星

木星

小行星来往的区域

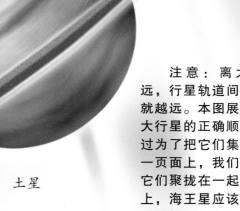

土星

注意：离太阳越远，行星轨道间的距离就越远。本图展示了八大行星的正确顺序，不过为了把它们集中在同一页面上，我们特意把它们聚拢在一起。事实上，海王星应该画在几百米以外的地方！

小 行 星

在火星和木星之间运行着成千上万的小陨石、小天体，它们被称为"小行星"。人们认为，这是一些未能成形的行星残骸。

太 阳

属于我们的恒星

太阳是一颗诞生于46亿年前的普通恒星。再过50亿年，氢气燃料将会消耗殆尽，太阳将会膨胀为一颗巨大的恒星（称作"红巨星"），大到足以烧掉地球。太阳中心的温度高得难以想象，有1500万℃！这种能量以及它产生的光释放到太空，为我们提供了光和热。

太阳的重量差不多是太阳系中其他行星总重的100倍。由于受到太阳的吸引，行星们围绕着它运转……

太阳核心

日冕层：非常稀薄，但是温度非常高，约有100万℃！日冕层比较暗淡，只有在日全食，也就是太阳表面被月球遮住时才能被观测到。

光球层：恒星的发光表面。

色球层：是耀斑爆发区域，色彩艳丽，有橙色、红色、黄色、淡紫色……

火 舌

太阳活动主要有太阳黑子、日珥（热气喷射流）、耀斑等。耀斑高度可达10万千米。图中的耀斑非常壮观，向太空抛射着不计其数的粒子。

太阳黑子

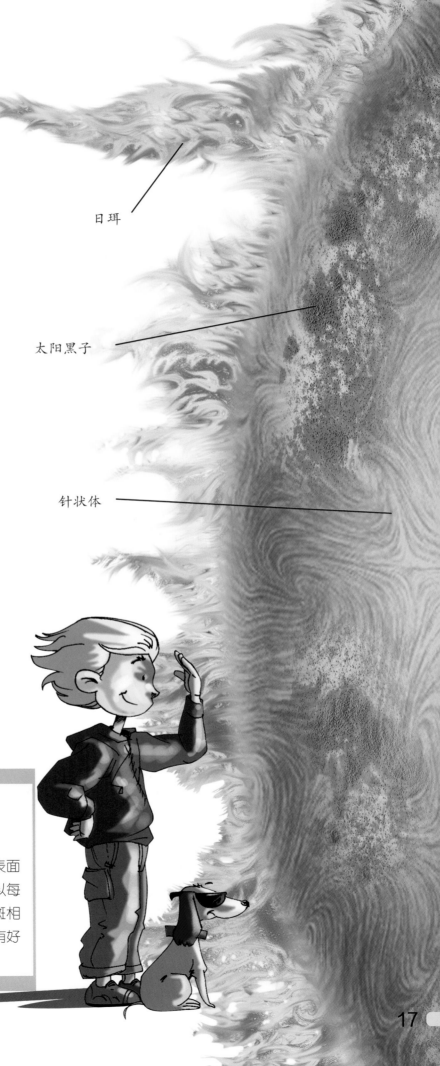

日珥

太阳黑子

针状体

太阳表面很热，近6000℃。太阳黑子实际上是太阳表面一种炽热的巨大旋涡，温度约有4000℃。太阳黑子产生的光相对较少，也比太阳表面其他地方要暗一些，看上去颜色更深。这是一个简单的光线对比的问题。

人类观测太阳黑子已经有几百年了。多亏了它们，人类才能证明太阳的自转。太阳黑子通常成群出现，是恒星活动的一个标志：黑子越多，日珥、大耀斑活动就越频繁，太阳释放的粒子和光芒就越多。太阳黑子的规律是：每隔11年，黑子数量达到最高值；5~6年之后，黑子数量则达到最低值。

"躁动"的表面

有一些小型热气喷射流在沸腾的太阳表面活动，被称为"针状体"。"针状体"能以每小时近10万千米的速度向高空喷射。和耀斑相比，这个威力要小得多，但它们的数量却有好几十万……

水　星

水星是离太阳最近的行星，绕太阳一周需要约88天时间。水星比月球稍大，密度也更高，金属内核大得惊人。水星表面布满在之前的100万年间陨石撞击所产生的陨石坑。因为体积小，水星无法形成大气层，不得不忍受太阳的直射。这会导致温度升高，水星表面被太阳照射到的地方温度超过400℃，而它的另一面却只有零下170℃。科学家们在水星北极的某些深邃的陨石坑里甚至还发现了冰！

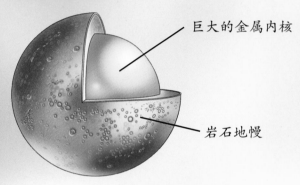

巨大的金属内核

岩石地幔

几乎看不见的水星

水星离太阳非常近，但是由于被湮没在太阳的炫目光芒之中，这个小小的光点只有在日落之后，太阳光不再耀眼时才能被看见。因此，水星在深蓝色的天空中，在它自己即将消失在地平线之前是可见的。同样，在日出之前的某些清晨，我们也能看到水星。

陨石坑的形成

水星表面有很多大大小小的环形山。巨大的陨石在撞击水星表面后，凿出凹坑并向周围抛射物质，坑底岩石因受到猛烈撞击而熔化并向上隆起，在凹坑中心凝固成一个个小山丘。如果往水里扔一块小石头，你会观察到同样的效果。水星上巨大的卡洛里斯陨石坑就是这么产生的。

漫漫长日

水星在围绕太阳运行的同时，也在缓慢自转。水星大约59个地球日自转一周（1个水星日≈59个地球日）。

1974年最早拍到水星表面照片的"水手10号"宇宙探测器*。

一颗金属行星

水星是太阳系中金属含量最丰富的行星，其中心是一个比月球还大的铁质内核。水星的含铁量，按目前世界每年钢产量总和约8亿吨计算，可以开采2400多年。

金 星

你如果有兴趣在酸雨中漫步，就去太阳系的第二颗行星——金星吧！金星躲在一片厚度相当于地球大气层10倍厚的云层后面，其二氧化碳*含量是地球的90多倍，云层顶端强风*呼啸，太阳光很难穿越。其400℃的高温对人类来说简直就是地狱！在那里，成千上万座火山常年喷发着炽热的岩浆，燃烧至数千千米之外。这颗行星比地球要稍微小一些，自转的方向和其他行星相反，是自东向西。真是个有个性的行星！

闪亮之星

金星厚厚的云层能很好地反射太阳光，因此它是一颗从不闪烁的明亮之星。日落之后或日出之前，也就是牧羊人早出或晚归的时候，我们一般可以看见它。因此，金星还有个外号叫"牧羊星"。

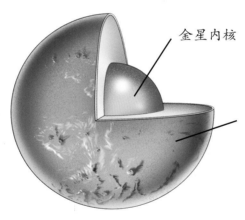

金星内核

岩石地幔

俯瞰图

只有使用雷达波*才能观测到金星的地形，因为只有雷达波才能穿越厚厚的云层。"水手号"探测器绘制出了金星的地貌，使我们看到这些扣人心弦的图片。简直如临其境！

金星上有广袤的平原、高地、山脉、火山丘以及成千上万的火山……不过陨石坑却很少，厚厚的大气层保护着金星，使得陨石在抵达它表面之前就已经燃烧得差不多了。

地球：很多太阳光（黄箭头）到达地表，大量红外线*(红箭头)逃逸，因此留住的热量很少。

金星：少许阳光抵达地面（黄箭头），但逃逸的光线也很少；红外线（红箭头）被厚厚的云层捕获了，云层因此也变得非常热。

温室行星

左图演示的就是金星的温室效应原理。二氧化碳气层在其中扮演了与玻璃一样的角色：极少量的阳光穿透大气层使地表升温，变热的地表释放出红外线，红外线无法再次穿越大气层逃走，就这样被截留下来，提高了金星的温度。400℃的温度用"温室"来形容似乎更合适！

地 球

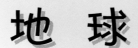

我们的星球

我们的地球是太阳系的第三颗行星。它在距太阳约1.5亿千米的地方围绕太阳运转。除了岩石，地球上还有大量的水和富含氧气*的大气层（由可供呼吸的空气组成）。拥有水和氧气是地球与太阳系其他行星的主要区别。

地球是一颗充满活力的星球，无数事情在这里发生。比如：陆地在千年进程中缓缓移动（有时它们会被"卡住"，有时它们行进得太快，就会突然挣脱——这就是地震）；火山喷发熔岩；暴风骤雨撼动天空；风雨雕琢出地表的形状；河流之水奔向海洋等。最重要的是，地球是太阳系中唯一有生命存在的星球！

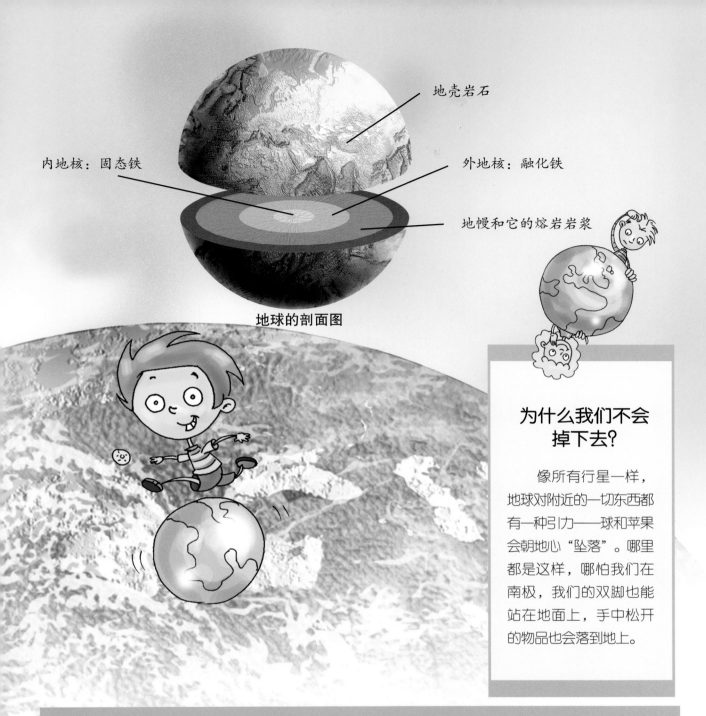

地壳岩石

内地核：固态铁

外地核：融化铁

地幔和它的熔岩岩浆

地球的剖面图

为什么我们不会掉下去?

像所有行星一样，地球对附近的一切东西都有一种引力——球和苹果会朝地心"坠落"。哪里都是这样，哪怕我们在南极，我们的双脚也能站在地面上，手中松开的物品也会落到地上。

地球转得很快

地球每年绕太阳运转一周，叫"公转"。它要跑多少路呢？一年数十亿千米！地球转得非常快，速度约为30千米/秒（相当于每小时10.8万千米），是一架全速行驶的飞机的100多倍。同时，地球绕着它的自转轴*自转，每24小时（也就是一天）转一圈，每年要转365圈。

水与空气

如果没有覆盖地球70％以上面积的水，此时此刻你就不会在这里看这本书，因为你根本就不会存在！事实上，生命是在大海中孕育的，所有的生物都包含水。另外，你下意识呼吸的空气是一种氮*和氧的混合物，这种气体对生命不可或缺。我们已知的其他任何一个星球都不具备这个独一无二的条件，即同时拥有液态水和含氧空气。

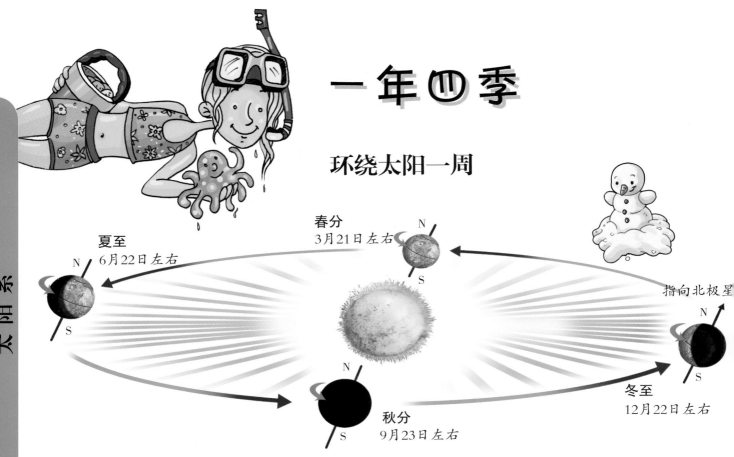

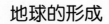

一年四季

环绕太阳一周

夏至
6月22日左右

春分
3月21日左右

指向北极星

冬至
12月22日左右

秋分
9月23日左右

为什么光和热在有些时候（夏天）比较多，在有些时候（冬天）比较少呢？

答案和地球在太空中运行的方式有关。地球就像一个旋转的陀螺，除了自转（自转一圈用时一天），还围绕着太阳公转（公转一圈用时一年）。

关键的一点是，地球总是一半明亮（昼），一半黑暗（夜）。同时，它的自转轴（如上图）总是倾斜的，轴线一直指向北极星。因此，在一年中的某个时期（12月22日左右），北极及其周围一带的一天24小时处于黑暗当中；同时，北半球所有地区处在黑暗与寒冷中的时

地球的形成

形成太阳的星云在运行过程中丢失了一些碎块，这些碎块是所有行星的起源。

约45亿年前，形成地球的碎块开始聚集、升温。

随后爆炸，轰击出陨石和彗星，并逐渐冷却。

间比处在光明中的时间要长——这就是北半球的冬至。6个月之后（6月22日左右），情况正好相反。此时，北极及其附近区域一直沐浴在阳光中，天气晴好——这就是北半球的夏至。在这两个极端之间，白昼变短或变长。当北极正好处于白昼和黑夜的交界处，白天和夜晚时间一样长，则意味着北半球的春分（3月21日左右）或秋分（9月23日左右）到了。

北半球处于冬季时，南半球就是夏季。

大 气 圈

由约78%的氮气和约21%的氧气构成的大气圈，保护我们免受宇宙中危险射线的侵害。大气和云促进了水的循环，确保了利于生命的平均温度。大气圈有好几层：首先是最厚的一层，也就是云所在的对流层；其次是臭氧所在的平流层，臭氧吸收了太阳光中绝大部分危险的紫外线；此外还有其他层。

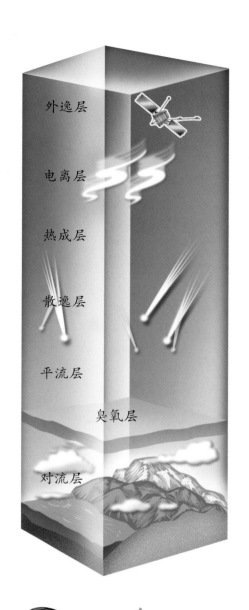

外逸层
电离层
热成层
散逸层
平流层
臭氧层
对流层

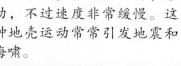

地壳形成：一部分是原始陆地（被称为"泛大陆"），另一部分是彗星带来的水所填满的海洋。

泛大陆开始分裂成几块，成为后来的陆地，开始迁移。这个过程发生在约30亿年前。

今天，各块陆地仍在移动，不过速度非常缓慢。这种地壳运动常常引发地震和海啸。

月 球

月球是地球唯一的天然卫星。它的体积只有地球的1/4。月球本身并不发光，只是反射太阳光。月球上没有生命的迹象，表面布满大大小小的环形山。由于缺乏大气层的保护，月球表面昼夜温差很大——白天可达120℃，夜晚可降至零下220℃！

月球围绕地球运转（公转）。它向着地球的永远是同一面，另一面则不会被我们看到。

月球是怎么形成的呢？按照最新的理论，很可能是来自太空的一颗流星撞击了新生的地球，并向太空抛射出一些地壳碎块，这些碎块汇集在一起形成了月球。

很久以来，人们一直幻想着能到月球上去漫步。1969年7月21日，这个梦想终于实现了！宇航员们登上了月球，并带回了月球岩石的一些样本。人类历史迈进了一个新的时代。

探索月球

由于没有大气层，人类无法在月球上生存。正因为如此，登月的宇航员们需要穿一种类似潜水服的航天服。航天服为他们提供空气、人体可以承受的温度等，保护他们免受宇宙射线的侵害。

从月球上看，地球是一颗覆盖着白云的蓝色星球，飘浮在浩渺的太空中。它有月球的4倍大。多么壮观的景象啊！

月球表面布满大大小小的环形山。火山已经休眠了很久，冷却的岩浆在地表形成广阔的平原——"月海"。

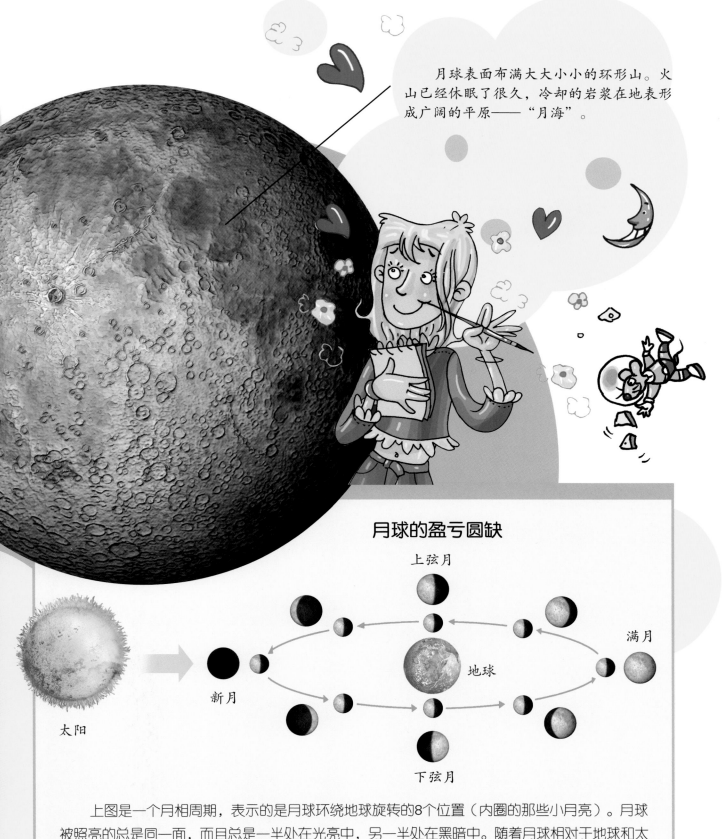

月球的盈亏圆缺

上弦月

满月

地球

新月

太阳

下弦月

上图是一个月相周期，表示的是月球环绕地球旋转的8个位置（内圈的那些小月亮）。月球被照亮的总是同一面，而且总是一半处在光亮中，另一半处在黑暗中。随着月球相对于地球和太阳的位置变化，我们从地球上看到的月相是有规律地变化的，正如图中的大月亮。你想象一下，自己正在地球上看着图中的小月亮，而你看到的景象正是大月亮的样子。有时我们只看到它明亮的一面（满月）；有时我们只看到它的侧影（上弦月或下弦月）；有时它背对着我们，只给我们展示它完全处在夜空中的阴影面，我们很难看到它（新月）。

火星

这颗红色的星球因古罗马战神马尔斯得名，因为它和古代人用来铸铁制造武器的红土是同一种颜色。

我们的邻居火星比地球还小，是一个砾石遍布的荒漠星球。火星的大气中主要是二氧化碳。火星之所以呈现红色，是因为它表面的岩石富含氧化铁。火星拥有太阳系中最高的火山，高达25千米，比地球上最高的山峰还要高两倍多！不过它已经休眠很久了。火星表面有无数条纵横交错的干涸沟渠，证明这里曾经有水存在。不过，这里的水都到哪儿去了呢？蒸发到太空中了吗？是否还有一些留在冰盖中或地下呢？这是个谜。有水的地方可能就有生命，科学家曾在一个陨石坑的深处发现了一个小冰湖……这太有悬念了！

备受青睐的行星

人类发射的太空飞船为我们拍下了这个荒漠星球的一些美丽照片。火星可能会是未来人类造访的首个星球。由于从地球到火星需要6个月之久，因此火星探索的主要问题不在于技术方面，而在于心理方面——宇航员们必须时刻待在一起，却没法出门散步……这也太闷了吧！

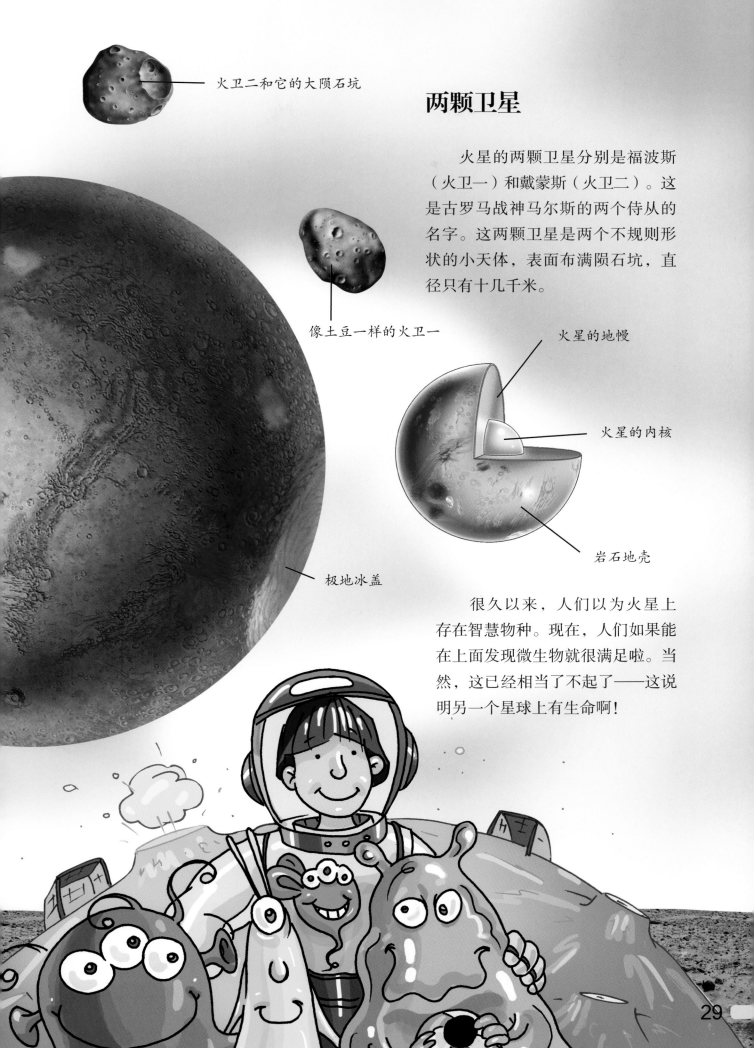

火卫二和它的大陨石坑

两颗卫星

火星的两颗卫星分别是福波斯（火卫一）和戴蒙斯（火卫二）。这是古罗马战神马尔斯的两个侍从的名字。这两颗卫星是两个不规则形状的小天体，表面布满陨石坑，直径只有十几千米。

像土豆一样的火卫一

火星的地幔

火星的内核

岩石地壳

极地冰盖

很久以来，人们以为火星上存在智慧物种。现在，人们如果能在上面发现微生物就很满足啦。当然，这已经相当了不起了——这说明另一个星球上有生命啊！

木 星

木星大红斑

大红斑在木星大气层中，是一个风速每小时达400千米的强大飓风气旋，气旋里可以容纳两个地球。这种飓风已经存在了至少300年。至于它到底是如何形成的，至今仍是一个未解之谜。

1610年，当意大利天文学家伽利略用自制的望远镜观察天空时，他简直无法相信自己的眼睛——木星周围有一些小天体伴着它运行！伽利略发现了木星较大的4颗卫星。

木星是太阳系最大的行星——大小相当于1300个地球！它是太阳系由内向外数第五颗行星，人类用肉眼可以看到它。木星的名字源于古罗马神话中的众神之王朱庇特。

木星是气态行星，主要由氢组成。由于大气压*很高，木星内层的氢是液态的，再往里则是固态的。不过这3种形态之间的边界非常模糊。木星内核温度很高，约有2万℃。

木星的大气层里飘浮着氨云，因此有高速飓风回旋，时速可达600千米。地球上几乎任何事物都无法抵挡这种飓风的威力。

木星周围有一些很小的光环。这些光环于1979年被"旅行者号"探测器发现。不久前，人们还发现木星一直释放着无线光波，就像在发出一种"轰隆隆"的声音。

木星的卫星

木星有60多颗卫星，以下是比较大的几颗。

木卫一（伊奥）：有大量活火山。它的最高点高约16千米，差不多是珠穆朗玛峰的两倍。

木卫二（欧罗巴）：上面覆盖着一层明亮的冰层，冰面上布满纵横交错的裂缝，绵延至几千千米以外。冰层下面是否藏着一片海洋呢？目前人类还不清楚。

木卫三（甘尼米德）：和我们的月球相似，但比月球更大，有很多陨石坑和断层。

木卫四（卡里斯多）：由冰、岩石、铁等物质混合而成。它是太阳系中古老的天体之一，表面已经有45亿年没有变样了。

在木星上人们永远无法行走，
因为它是气体星球！

金属氢（固态）内核

液态氢区域

气态氢区域

31

土 星

土星是太阳系从内到外数第六颗行星，也是第二大行星。它由3/4的氢和1/4的氦构成，密度很小。设想一下，假如我们把土星放到一片辽阔的海上，它会漂浮起来！土星最惹人注目的是它的光环——那是一个看起来很薄，实际上有几百米厚度的圆盘，光环的直径却有60万千米！这个比例像一张边长90米的正方形复写纸，厚度却只有0.1毫米！

土星环的起源目前还不太清楚，也许是大卫星受到彗星和陨石的撞击而形成的。土星最大的卫星是土卫六（即泰坦），那里温度只有零下180℃左右，空气中含有大量的氮，这一点很像地球。于是，有科学家认为：木卫六就像年轻时的地球，那时生命还未形成。出于这个原因，科学家们向土星发射了"惠更斯号"探测器，希望把我们人类的过去探个究竟。

探 测 器

与土星有关的大部分认识，来自"旅行者1号"和"旅行者2号"探测器在1980年传回的信息，当然还有"卡西尼–惠更斯号"探测器在2005年的探测功劳。

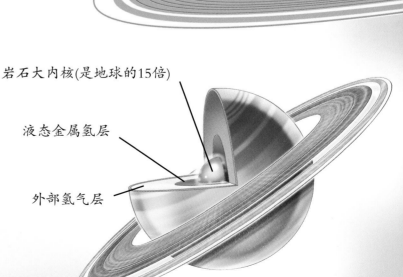

岩石大内核(是地球的15倍)

液态金属氢层

外部氢气层

土星的卫星

土星有50多颗卫星。最早的几颗（土卫三、土卫四、土卫五、土卫八）发现于17世纪末。最大的土卫六（泰坦）发现于1655年。不过后来还发现了一些更小的卫星，隐藏在土星环里面……

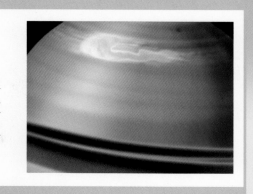

土星斑

土星斑是一个巨大的飓风圈，形成的原因尚未知晓。土星上风暴肆虐，其强度让人难以想象：在土星的赤道地区，风速可以达到惊人的每小时1800千米！

土星环

主要有7个环区：A环、B环、C环、D环、E环、F环和G环。土星环里面的物质实在少得可怜，如果把这些物质全都聚集到一块儿，直径还不到100千米，比起土星的大块头来说简直微不足道。

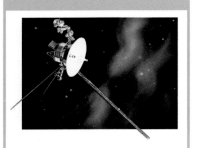

旅行者2号

1977年发射的"旅行者号"系列探测器完成了非同寻常的旅行：它们游历了木星和土星，"旅行者2号"还飞掠过了天王星，并于1989年造访海王星，路过了好几十个卫星和光环。

为了探测这几颗行星，美国宇航局的工程师充分利用了每隔176年才会出现一次的四星（木星、土星、天王星和海王星）一线奇观。

天王星与海王星，那冥王星呢？

天王星、海王星和冥王星分别是太阳系的第七、第八以及"前任"的第九行星。从"旅行者2号"探测器所拍下的照片和完成的测量可以看出，这几个星球都是冰冷而灰暗的世界。这些由岩石和冰构成的星球没有明确的内部结构，其大气层主要由氢、少量氦以及一层甲烷*构成。

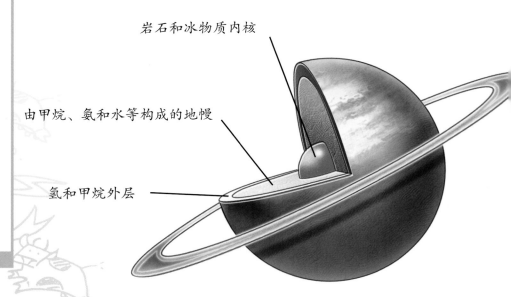

岩石和冰物质内核

由甲烷、氨和水等构成的地慢

氢和甲烷外层

天 王 星

天王星的名字来源于罗马天神乌拉诺斯。由于大气层中含有甲烷，天王星看上去有一种独特的深蓝绿色。

天王星和其他行星的一大区别是：它的自转轴相当倾斜。这可能是早前经历的某次剧烈的碰撞导致的。"旅行者2号"发现了它的12颗卫星以及9个由灰尘和冰微粒构成的光环。

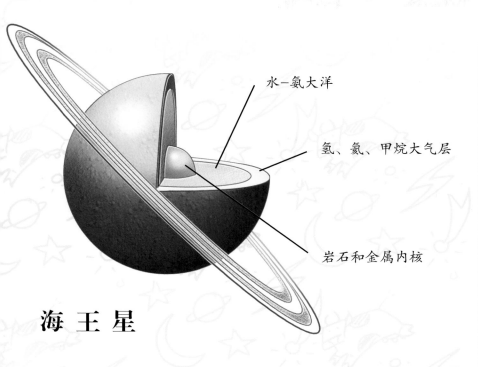

水-氨大洋

氢、氨、甲烷大气层

岩石和金属内核

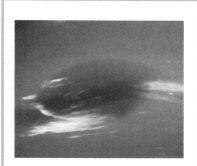

大黑斑

大黑斑是海王星上的一种巨型风暴。它的白色云团能形成一个个羽毛状的浪花。

海 王 星

海王星的名字源于古罗马海神尼普顿。它有8颗卫星和4个暗淡的光环。海王星赤道地区的风速高达每小时2000千米（创下了太阳系纪录），并伴随有大黑斑和小黑斑。在富含甲烷的大气层里，人们还发现了一小片围绕着海王星运转的白色云团——绰号"滑行车"！

岩石和冰冻物质的混合物，黑色区域的结构尚未知晓。

冥王星不再是一颗行星

冥王星的名字源于古罗马地狱之神普鲁托。到目前为止，还没有探测器造访过它。因为太阳离它非常遥远，所以无法照亮它。它有两大谜团：第一，为什么冥王星围绕太阳运行一周要247年？第二，冥王星与金星的自转方向一样，与其他行星相反，是自东向西，但它的岩石和冰物质地表是整个太阳系中明暗反差最强烈的，这是为什么呢？

2006年，考虑到冥王星和其他行星的差异（体积太小，运行轨道太特别），国际天文学联合会决定把冥王星"开除"出太阳系行星行列，并把它降级为一个新的天体类别——矮行星。此前小行星塞雷斯和克赛纳就属此列。

尘埃和气体的尾巴

喷射出的气体和尘埃
混合物

彗星核

彗星、小行星和陨石

彗 星

彗星是太阳系的游客。它们来自柯伊伯带（在太阳系边缘）和欧特云（包围着太阳系的云团），离我们有几十亿千米。著名的哈雷彗星每隔76年回归一次，上一次在1986年，当时科学家们成功地向它发射了"乔托号"探测器，得以近距离观察它。那么，下一次哈雷彗星回归时是哪一年？到那时你多大了？

雪 球

彗星的直径只有几千米，主要由混合了多种尘埃微粒的冰状物质构成，是一些"脏雪球"。彗星靠近太阳时，凝固体的蒸发、气化、膨胀、喷发产生了彗尾。彗尾体积很大，有多种形状，有的还不止一条。慧尾一般总向背离太阳的方向延伸，且越靠近太阳就越长。

小 行 星

数以亿计的小行星在火星和木星的轨道之间运行，形成小行星带。它们的产生，不知是因为没能成功变成行星，还是因为小天体发生碰撞。你猜是哪种？

奇形怪状

和行星不同，绝大部分小行星不是球状的。有些小行星会时不时地与地球擦肩而过。其中有一颗叫图塔提斯的小行星很有趣：它有两个大陨石坑，一个叫萨乌格雷努斯*，一个叫阿卜哈哈古西克斯*。你能一口气念对这两个名字算我输。

陨石：会飞的流星！

每块坠落到行星上的陨石都会撞出一个大圆坑——"啪"的一声，陨石坑就形成了！

月球表面就有很多这样的大坑。那些比石块还小的小陨石飞向地球时，会在大气层中升温、燃烧，变成一道道闪亮的光——这就是流星。

陨 石 坑

这个直径为1000多米的陨石坑是约2.5万年前坠落在美国的一块陨石撞击造成的。这块陨石重达约1000万吨。

不过，平日里造访地球的数亿颗流星重量很轻，只有几克重，就像一块小石粒，所以没有危险。

37

宇宙观察

看星星的望远镜

很长一段时间以来，人们都用肉眼看星空。直到17世纪有了一个了不起的发明——透镜*的组装。通过这个发明，人类成功地制造出了早期的望远镜。人类的视野因此扩大了好几倍。

望远镜的第二阶段是装在山顶上的大型现代望远镜。这种望远镜使人类看到了彩虹的七色光（及过渡光）以外的红外线、紫外线、无线电波等天体释放的光波，使人类得以了解它们的特性和各种现象。

第三阶段是环绕地球轨道的太空望远镜。这种望远镜能够捕捉被大气层拦截而无法到达地表的光，如伽马射线、X射线等，为我们提供了宇宙天体的全新图像。

伽利略的新眼睛

透过自制的简易望远镜，伽利略第一个发现了月球表面的环形山，发现了木星轨道上有卫星。当时，人们认为：天体表面是平滑的，宇宙是静止的。伽利略的发现彻底颠覆了人类的宇宙观。

光的运动

光的运动非常快，从地球到月球只需要1秒多钟！然而，宇宙浩瀚无垠，从一个星球抵达另一个星球也许需要很多秒、很多天、很多年！光穿越我们的银河系就要10万年！

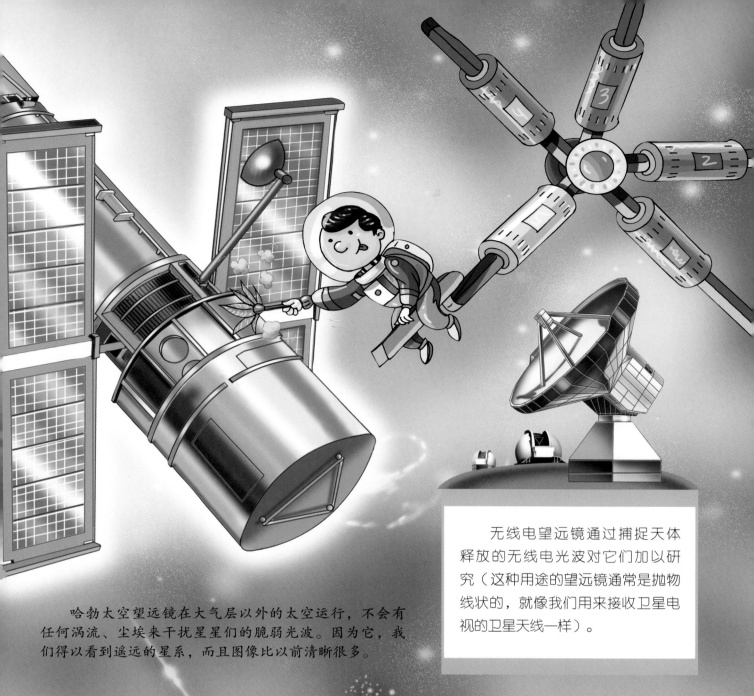

哈勃太空望远镜在大气层以外的太空运行，不会有任何涡流、尘埃来干扰星星们的脆弱光波。因为它，我们得以看到遥远的星系，而且图像比以前清晰很多。

　　无线电望远镜通过捕捉天体释放的无线电光波对它们加以研究（这种用途的望远镜通常是抛物线状的，就像我们用来接收卫星电视的卫星天线一样）。

光　年

　　光年等于光在真空中一年走过的距离，大约为94.6千亿千米。使用千米作为宇宙的距离单位太不方便了（就像用毫米描述北京到西藏的距离一样），因此我们采用光年这个单位。比如说，离地球最近的恒星（半人马座阿尔法星）离我们这儿约有4.2光年。这比说约397千亿千米要简单多了！我们还可以说，月球离地球距离约1光秒，这样说起来就非常近了吧？

宇宙探索

人类走出地球摇篮的第一步

人类总是想探索未知的世界，尤其是在半个世纪前，火箭的发明使人类挣脱了地心引力，把目光对准了外太空。最早发射人造卫星的是苏联人。1957年，"斯普特尼克1号"人造卫星绕地球行驶了3周，紧随其后的是运载着小狗"莱伊卡"的"斯普特尼克2号"。美国人不甘落后，发射了小卫星"探险者号"。1959年，苏联探测器"鲁尼克3号"成功拍摄了月球背面的照片，在此之前还从未有人见过月球背面呢！1961年4月12日，人类进入太空，苏联宇航员尤里·加加林用不到两个小时的时间环绕地球一圈，这是世界瞩目的大事！

从此，竞赛开始了，不是跑步比赛，而是登月比赛。1962年，美国人约翰·格伦在地球轨道上运行了3周。接着，"水手2号"探测器飞越了金星。美国人暂时领先。1965年，阿列克谢·列昂诺夫走出太空舱，完成了首次太空行走。这次苏联占了上风。

据说1969年7月21日凌晨美国人尼尔·阿姆斯特朗首次登上月球表面……如今，各种后续的国际合作探索项目仍在进行中，包括科学卫星、宇宙天文台，还有地球轨道上的可长期居住的大型实验室——国际空间站。

伟大的宇航员

瓦莲京娜·捷列什科娃是第一位进入太空的女性宇航员。此外，很少有人提及巴兹·奥尔德林，他是世界上第二个登上月球的人，只比阿姆斯特朗晚了几分钟。

一个大难题

最大的难题是如何穿过大气层，返回到地球。大气会阻碍太空舱，减缓它的速度，并使它温度升高甚至烧毁！怎样才能让太空舱（以及里面的人）逃过与流星相同的命运呢？工程师们发明了一种超级耐热的材料，用以制造防热层，装在太空舱表面。

宇宙飞船

发射宇宙飞船需要一个巨型能源存储器和两艘运载火箭。宇宙飞船最多可以容纳7名宇航员，他们的任务非常多：建造国际空间站，维护轨道上的太空望远镜，进行微重力科学实验，拍摄并研究地球、大气和云……

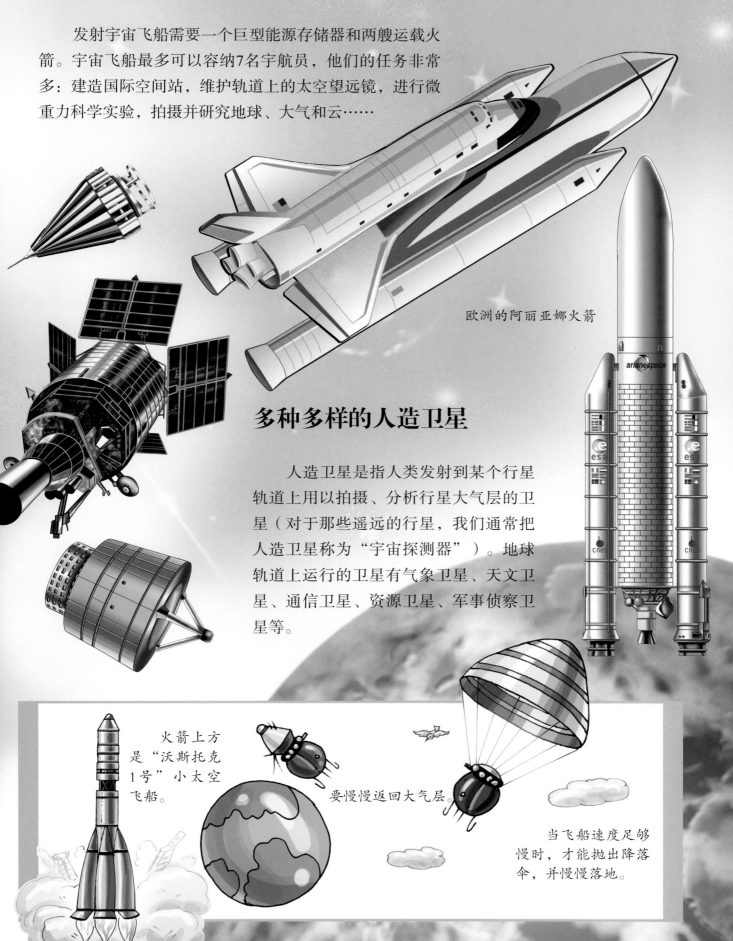

欧洲的阿丽亚娜火箭

多种多样的人造卫星

人造卫星是指人类发射到某个行星轨道上用以拍摄、分析行星大气层的卫星（对于那些遥远的行星，我们通常把人造卫星称为"宇宙探测器"）。地球轨道上运行的卫星有气象卫星、天文卫星、通信卫星、资源卫星、军事侦察卫星等。

火箭上方是"沃斯托克1号"小太空飞船。

要慢慢返回大气层。

当飞船速度足够慢时，才能抛出降落伞，并慢慢落地。

41

生活在地球之外

这不是度假！

在太空，你可以尽情欣赏我们生机勃勃的蓝色地球：岛屿、河流、山脉、云彩、火山……

不过，宇航员们待在空间站是为了工作。他们要建造、维修空间站，还要进行只有在太空才能完成的科学实验……因为那里的地心引力可以忽略不计。

一直飘在空中，一定很有趣吧？不过要是工具蹭到了舱内的天花板上，那可就不方便了，得用力拔才能拿下来。喝水也是个问题，需要放在特殊的瓶子里用吸管吸。晚上睡觉也不用床垫，而是把睡袋绑到舱壁上，然后人钻到睡袋里。

没有地心引力，搬东西就不用费心了，肌肉则会因为派不上什么用场而渐渐萎缩，所以宇航员每天都要锻炼。

未　来

有人制订了这样一个计划：在月球上建立一个空间站。因为月球上没有大气，天空总是黑暗的，而远处的恒星却闪闪发光，所以它是一个适合研究遥远星空的超级天文台，也是人类征服火星的一个出发基地。

哥伦布实验舱：这是一个空间站实验室，用来做不同类型的生物和材料物理实验。

国际空间站（ISS）

国际空间站上有数目众多的太阳能接收转换器，因此很好辨认。国际空间站用以代替原来的"和平号"，是迄今为止最大的载人空间站，是16个国家合作的产物。经过近10年的探索和改进，1993年完成设计，之后由多国发射的火箭带去的组件一点点建造而成。迄今为止，火箭来来回回总共已经跑了100多趟……国际空间站于2011年12月底完成组装工作。

特朗沙伯太空舱：一个充气式太空居住地（该项目还在研究中）。

美国航天飞机：它有一只能操纵运载物（是空间站的一个组件，一颗要放入轨道的卫星）的力臂。

"和平号"空间站

它是世界上第一个长久性空间站，宇航员可以在那里长期工作。它是由苏联人建造的。虽然该空间站运转正常，但是在十几年之后，因为缺乏维修经费而被弃置，最终坠入地球大气层，燃烧后残留的碎片落进了大海。

拜访月球

人类一大步

登月计划在2018年重新启动，目的是为拜访火星做准备。届时，月球将成为一个大本营，那里的引力很小，在那儿起飞比从地球升空要容易得多。

发射地球卫星和月球卫星有很大不同。地球卫星大约处于200千米的高度，而月球离地球却有38万千米，距离是前者的1900多倍。因此，为了摆脱地心引力，运载火箭必须强大得多。而且，为了负载足够的燃料，飞船的重量也更大，所以发射起来就更难了。此外还有着陆和再次起飞的问题，美国为此努力研究了8年。登月前的两次"阿波罗"任务测试了飞船的可靠性——让飞船载着宇航员绕月飞行而不降落，最后宇航员平安归来。终于，1969年7月16日，据说"阿波罗11号"载着3位宇航员（尼尔·阿姆斯特朗、迈克尔·科林斯和巴兹·奥尔德林）从肯尼迪航天中心升空，经过4天的航行，在7月20日的夜晚，登月舱终于降落到月球的静海（月球上众多的月海之一。你知道吗？月海不是海，而是广阔的平原）。而后不久，阿姆斯特朗把脚步踏进了月球的尘埃之中，并说出了那句载入史册的话："个人一小步，人类一大步。"

据说强大的运载火箭"土星5号"载着"阿波罗11号"、3位宇航员和指令及服务舱、登月舱。

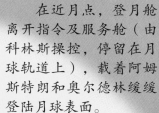

在近月点，登月舱离开指令及服务舱（由科林斯操控，停留在月球轨道上），载着阿姆斯特朗和奥尔德林缓缓登陆月球表面。

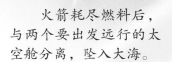

火箭耗尽燃料后，与两个要出发远行的太空舱分离，坠入大海。

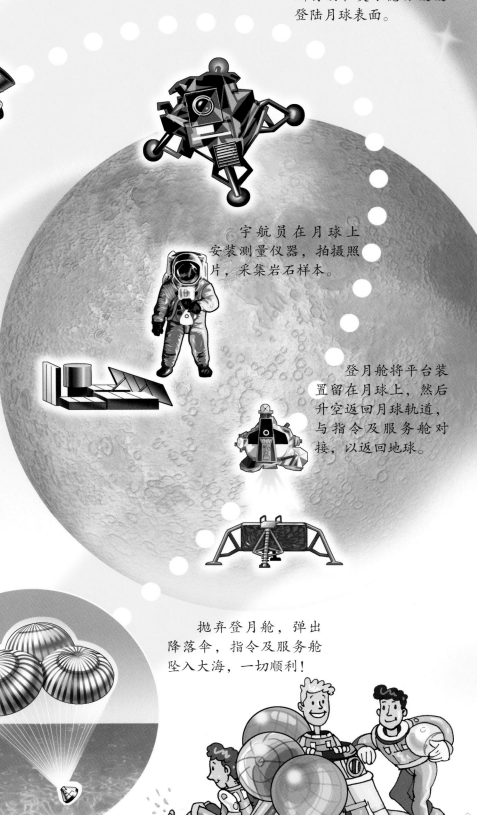

宇航员在月球上安装测量仪器，拍摄照片，采集岩石样本。

登月舱将平台装置留在月球上，然后升空返回月球轨道，与指令及服务舱对接，以返回地球。

抛弃登月舱，弹出降落伞，指令及服务舱坠入大海，一切顺利！

成为宇航员

未来的职业

宇航员要进入太空修理人造卫星、建造国际空间站、进行科学实验……可是太空环境相当恶劣：缺氧、极端温度、微陨石、宇宙辐射……他们穿的航天服足足有13层！里面是一件布满水管的衣服，以保持温度的稳定。头盔中有个装置，专门供宇航员喝水。这衣服穿起来一点儿也不舒服，由于内部（有空气）和外部（真空）的气压差，衣服鼓鼓的，感觉像待在气球里一样，就算想伸缩一下四肢也很费力。

不过舱内便服还是挺舒服的，只有T恤、裤子和长袜。为了防止衣服在舱内飘浮，衣服上有很多维克罗钩和毛圈搭扣。

什么颜色？

舱外航天服都是白色的，因为白色吸收的光和热要比深色少，有利于调节人体温度。此外，在漆黑的太空，白色更容易辨别一些。

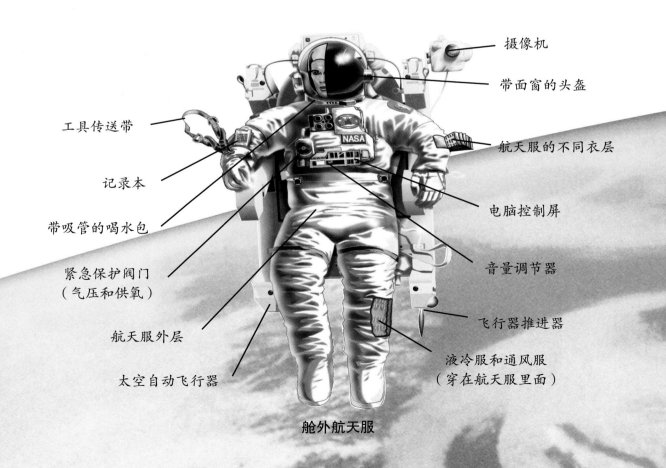

工具传送带

记录本

带吸管的喝水包

紧急保护阀门
（气压和供氧）

航天服外层

太空自动飞行器

摄像机

带面窗的头盔

航天服的不同衣层

电脑控制屏

音量调节器

飞行器推进器

液冷服和通风服
（穿在航天服里面）

舱外航天服

太空生活

在轨道上，所有的东西都是轻飘飘的，肌肉会因缺乏锻炼而萎缩。所以，宇航员不得不每天做两个小时的运动，以防止肌肉萎缩。

此外，还会发生其他一些变化，尤其是血液循环的变化——血液不再流向双脚，而是更多地往身体上方流淌。有些宇航员会因此而头痛。

训 练

首先，要保持超常的体能状态，那可是长达数小时的身体训练。其次，要准备好适应全新的太空生活环境。游泳池里的模拟训练，为适应航天服而进行的水下训练、海上和沙漠中的生存训练以及抛物线飞行训练——驾驶一架大飞机，先急速爬升，然后改为平飞，再迅速下降，飞行轨迹为一条45度的弯曲弧线。平飞的时候，飞行员有几十秒处于失重状态，此时机舱里一切都是飘浮的，就像在太空中一样。

太空机器人

人类的侦察兵

在踏上火星之前，我们需要尽可能多地了解这颗红色的星球。那里是否曾有生命存在？如果有，是在什么情形下？人类前去探索有什么危险？怎样才能在火星上生活和工作？为了完成这些关键任务，我们必须求助于机器人，因为它们非常适合在太空工作。无论是在行星上还是在彗星上，它们都可以完成那些有很大难度的任务。它们会安置观测仪器，比人类更能承受外星球的严酷环境，所需的花费比派人过去要少。而且，它们不需要睡觉！

不过，这些机器人是全自动的。因为按照地球和火星的距离，无线电信号跑一个来回要几十分钟，所以没办法实时指挥，只能给它们布置大致的任务（如抵达某个地方，采集地表样本），具体实施需要靠它们自己"想办法"完成。

总而言之，机器人虽然无法完全代替人类，但能很好地帮助人类。

危险

太空机器人也会面临一些特殊的危险：真空、严寒、黑暗、太阳的极度高温、微陨石、辐射等。还得靠太空机器人工程师们去保护它们，让它们身上的电子器件远离这些危险。

3种不同的机器人

早期的太空机器人被称为"漫游者"，能在行星表面行走。1997年，美国航天局的"火星探路者"号机器人对火星表面10个样本进行了化学结构分析。此外，"火星探路者"号还完成了一些气象测量工作，并发回大量精彩的火星照片——环形山和冈峦起伏、碎石密布的铁锈色平原……

"纳诺克德"微型太空车是为探索月球和水星严寒地区而专门设计的一种"微型漫游者"。它被欧洲空间局选中，用来完成将来的某些探索任务。它强壮、可靠、结构简单，

"火星探路者"号：美国宇航局的机器人，有6个轮子。

微型太空车"纳诺克德"：欧洲空间局的未来机器人，有两根履带。

埃克索马斯机器人

这个大型的太阳能火星探测器主要服务于欧洲主导的火星探索计划——钻凿火星地表至地下两米、分析岩石样本、寻找水源、研究当地气候。它将通过无线电信号把探测结果传送给我们。

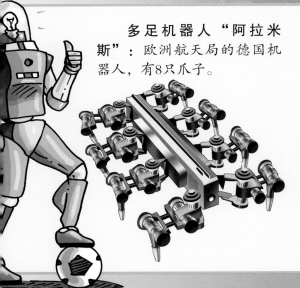

多足机器人"阿拉米斯"：欧洲航天局的德国机器人，有8只爪子。

又有能力完成一些复杂的任务——能在着陆区域附近安置4件科学仪器。

在碎石上行走，小滚轮可不太方便。为此，工程师们汲取大自然的灵感，发明了拥有8只爪子的"阿拉米斯"多足机器人。它能像蝎子一样爬行（不过不会蜇人）！欧洲空间局的这个机器人会攀爬环形山，能穿过高低不平或多沙的地面，可以进行科学实验。它还可以在地球上工作，比如去坍塌的房子里救助伤者，这样就不用救护人员冒生命危险了。

外星生命

德雷克方程式

$$N = R \star \times F_p \times N_e \times F_1 \times F_i \times F_c \times L$$

德雷克认为：一种文明要存在，首先必须有一颗长久稳定的恒星，因为万一恒星爆炸，就什么也不存在了。然而，我们的银河系只有一部分恒星具备这个特征。这些恒星应该有一些和地球类似的行星，生命在这些行星里确实存在过，并且演化成了智慧的物种，智慧到有能力向太空发射信号。重要的是这种文明应该没有被摧毁。考虑到所有这些因素，人们判断符合条件的星球最多也就那么几颗。对于拥有1000亿颗以上恒星的银河系来说，这真的不算多。唯一可以确定的是，这种文明至少有一个，那就是我们地球上的人类！

我们是宇宙中独一无二的吗？

宇宙中别的地方是否存在生命呢？这个问题很难回答。不过幸好，我们手上已经有了一个样本，那就是地球生命！我们如果明白了生命是怎么诞生的，那就能去外星球寻找相似的环境，探究那里是否有生命存在。

首先，当然要有行星围绕着另外一颗恒星，最好还是与地球相似的行星。然而，要找到一颗这样的行星相当困难，因为它的微光必定会被它所围绕的恒星的光芒所湮没。几年来，天文学家们通过专门的探测器发现了近200颗和木星相似的行星。技术越发达，人类发现的小星球就越多，找到地球"表亲"的希望也就越大。如果我们接受了外星球可能存在生命的说法，那么第二个问题（古希腊人已经提出过）就来了：宇宙中是否存在别的智能生物？1960年，为了评估我们能探测到的外星文明存在的概率，美国天文学家法兰克·德雷克提出了一个著名的方程式（参见左边方框）。这个方程式使得寻找外星人信号的尝试更加踊跃。1984年以来，全世界很多科学家开始"倾听"天空。

著名的原始汤实验

　　1953年，美国芝加哥大学的米勒和尤里在实验室模拟出了30亿年前的地球环境。他们把水、氢、氨等物质混合在一起，连续7天用闪电穿越这种混合物质，以产生化学反应。猜猜他们在汤里发现了什么？一系列只有生物体中才有的小分子*！

　　这个实验证明：在一个没有生命的宇宙中，仅仅通过物理和化学的作用，也有可能产生生命元素。

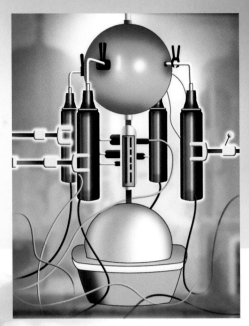

米勒-尤里实验仪器

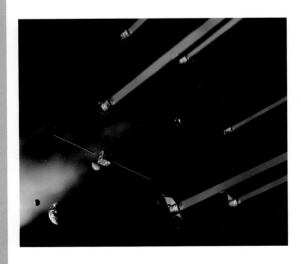

达尔文计划

　　为了探测远方的地球"表亲"的生命迹象，需要检查它的大气层是否有适宜生命生存的典型气体，比如说氧气和水蒸气。可是该怎么检查呢？那就要分析从它那里发射出的弱光了。

　　达尔文太空计划的内容是：将一支由好几架天文望远镜组成的"舰队"发射到遥远的太空（为了摆脱挡住视野的地球大气灰尘），让它们一起往同一个方向观测！

一些开放式思维的问题

寻找地外文明计划（SETI）

20世纪初，人类发明无线电的时候，就已经开始发送信号，这些信号至今还在太空传播。假如我们周围存在着技术发达的外星文明，那么他们应该能察觉到我们的存在。相反，如果他们释放出无线电波，我们也可以用无线电望远镜发现他们。因此，我们成立了一个天空倾听项目，即寻找地外文明计划。这个项目把地球周围的一些无线电望远镜召集在一起。该计划目前还没有结果，不过我们不会放弃。

"喂，有人吗？"

1974年，阿雷西沃无线电望远镜向2.5万光年外的一个星团发出了一条人工信息——几声强有力的"嘟嘟"声。不过，即便那里存在外星文明，我们和他们沟通的机会也非常渺茫。想象一下，他们要在2.5万年后才能收到这条信息！他们的回复（如果他们能听懂我们的话）也要花同样多的时间才能返回。一来一回就需要5万多年！5万多年之后，当我们终于收到一条类似这样的代码时，对话就开始了！知道5万年有多长吗？这中间要经历最少500代人的接力哟。

宇宙的未来

我们曾在第5页读到过，由于万有引力*的影响，宇宙的膨胀会变慢。然而，科学家们在观察远处的超新星时却发现膨胀正在加速！这个发现一下子否定了人类之前所有的认知，甚至有人开始怀疑大爆炸理论是否属实。到底是什么神秘力量使得物质之间不再相互吸引而是相互排斥？科学家们把这种斥力（和万有引力作用相反）能量称为"暗能量"。

那么，哪位学者（也许是你）能解开这个谜团呢？

飞碟与人类

说到外星人，就不能不提飞碟（指不明飞行物，UFO）！哎呀，要是外星人驾驶飞碟造访，那就太有意思了！我们就不用跑到星系的另一端，也不用花5万多年才能等到他们的消息了！

可惜的是，虽然很多人说看到了不明飞行物，但我们还从未近距离地研究过其中任何一个——它的存在依然只是个假设。

不过有些发现又着实让人摸不着头脑，因为它们的确是有迹可循的。那么，这到底是幻觉，是大气的光效应，还是真正的宇宙飞船？如今，这种争论依然在继续，每个人都按自己的感觉发表意见，甚至有些已经超出科学的范围了。

来一点儿哲学

宇宙的定义是"一切"。

一切！

也就是说，宇宙没有外部。

因为如果有外部的话，即使它是空的，也可以说宇宙外面有东西，那么它就没有包括"一切"！那么它就不是"宇宙"了！

宇宙就是一切：物质、空间……

甚至是时间！因为在宇宙诞生之前是没有时间的，甚至都没有"以前"！

太难以想象了。

我们没法在实验室重组它，没法在电脑上模拟它，也没法把它和任何东西相比。

宇宙是无可比拟的！

名词解释及索引表

（按拼音首字母排序）

---- A ----

阿卜哈哈古西克斯：法国漫画《阿斯泰利克斯与奥贝利克斯》中的人物，是理性、勇敢、至高无上的首领。（第37页）

---- B ----

白矮星：红巨星之后大部分恒星的末期阶段，此时恒星体积变小，温度升高，随后渐渐冷却，直至熄灭。（第12页）

---- C ----

超新星：指恒星演化末期一个极其短暂的生命阶段，即恒星爆炸、中心开始向内坍缩的阶段，是宇宙中最惨烈、最壮观的景象之一。（第2页）

---- D ----

大气压：空气虽然很轻，但也有重量。气压指一个人所处位置上方的空气的重量。一般情况下，海拔越高，气压就越低。（第30页）

氮（气）：一种无色无味的气体，存在于大气层中，占空气体积的70%以上。（第23页）

---- E ----

二氧化碳：由碳和氧两种元素构成。木头、煤炭、石油燃烧时，会向空气中释放二氧化碳。它是温室效应的元凶之一。（第20页）

---- F ----

分子：是构成物质的微小单元，是能够独立存在并保持物质原有的化学性质的最小粒子，由原子构成。例如：一个水分子由两个氢原子和一个氧原子构成。（第51页）

---- G ----

公转：一个天体围绕另一个天体运行一周。（第14页）

轨道：是行星围绕太阳、月亮围绕地球、人造卫星围绕某个天体或一颗恒星围绕另一颗恒星的运行轨迹。轨道通常是椭圆形（有时接近圆形）的。（第14页）

---- H ----

氦（气）：一种重量很轻的单质气体。这种气体在宇宙中，尤其在恒星（包括太阳）中含量很高。（第10页）

黑洞：一种吸引力极强的天体，连光也不能逃脱。超新星爆炸后有可能形成黑洞，就像宇宙中的无底洞，任何物质掉进去就再也不能逃出。（第6页）

红巨星：恒星生命的末期阶段，此时恒星无限膨胀，发出红色的光。我们的太阳将会在50亿年之后变成一颗红巨星。（第11页）

红外线：太阳除了释放可见光，还会传播一些肉眼看不见的光，比如红外线。如果以彩虹的七色光——红、橙、黄、绿、蓝、靛、紫（由外到内）为参照，红外线位于红色光端之外。再往外就是无线光波。同样不可见的紫外线则位于紫色光端以内。（第21页）

彗星：太阳系中的一种小天体，和其他行星环绕太阳的圆形轨道（几近圆形）不同，彗星的运行轨道要么是一个极扁平的椭圆，要么是一条抛物线或双曲线。（第2页）

---- J ----

甲烷：一种在地球上分布很广的气体，是天然气、沼气、油田气的主要成分，也是太空中常见的一种气体。（第34页）

---- L ----

雷达波：雷达是一种能释放、接收雷达光波的仪器，用于远距离观测。雷达波是一种被人类用于观察、探测目的的无线光波。我们可以人工释放无线光波，以定位远处的物体，这就是雷达探测。（第20页）

粒子：能够以自由状态存在的最小物质的统称。最早发现的粒子是电子和质子，迄今发现的粒子已超过几百种。（第4页）

流星：它不是恒星，也不是行星，而是太空中的一些小陨石。这些小陨石受地心引力的影响，落入大气层，继而燃烧。（第2页）

强风：指大型风暴，也称"飓风"。风暴期间，除了风势强劲，还有气旋的移动。（第20页）

氢（气）：宇宙中最轻、含量最丰富的单质气体，大约占宇宙质量的75%。（第5页）

S

萨乌格雷努斯："古怪、可笑"的意思。（第37页）

收缩：由于各粒子、各分子之间的相互吸引，气体云会呈现收缩、聚拢的态势。（第12页）

T

透镜：用透明物质制成的、表面为一部分球面的光学元件。一般分为凸透镜和凹透镜。放大镜是透镜的一种。望远镜由好几组透镜和反射镜精确组装而成。（第38页）

W

万有引力：是指任何物体之间都有的相互吸引力。质量越大引力越强。通常，两个物体之间的引力极其微小，我们察觉不到，可以不予考虑。但是，在宇宙中，天体的质量很大，万有引力就起着决定性的作用。例如地球，它把人类、大气和所有地面物体束缚在地球上，使月球和人造地球卫星绕地球旋转而不离去。（第52页）

无线电望远镜：望远镜能通过天体散发的可见光给我们提供远处天体的放大影像，无线电望远镜则是通过无线光波来达到这个目的的。有些天体能释放这种无线光波，不过肉眼无法看到。（第4页）

无线光波：太阳会同时释放出可见光和不可见光。无线光波是不可见光的一种。我们的收音机能捕捉到人造无线光波，并将其转化为我们听到的声音。假如有一种特别的收音机，能够捕捉到来自太阳、木星或太空中的光波，那我们就会听到一种掺杂着干扰音的类似风暴的声响。（第4页）

X

星团：宇宙中的天体系统，由数十颗到几千颗相互之间有吸引力作用的恒星组成。（第2页）

星系：宇宙中的天体系统，通常由几亿至上万亿颗恒星及星际物质构成，空间距离为几千至几十万光年。人类所处的星系为银河系。（第2页）

星系团：由十几个、几十个，甚至上千个星系聚集起来的星系集团。（第6页）

星云：外围不清晰的云雾状天体，可以表示多种不同的事物：可以是一片气云，可以是一颗正在坍缩的末期小恒星释放出的云气，或者是一个不规则的恒星群落。（第3页）

星座：我们从地球上看到的恒星群落。如果用想象中的线条把同一群落的星星连接起来，我们就能勾勒出某件物品或某种动物的形状。比如金牛座、大熊座、天秤座、水瓶座等。共有88个星座。（第10页）

小行星：多指在火星和木星轨道间环绕太阳运行的小型天体，这个区域也叫"小行星带"（第14页）

Y

氧气：地球大气层的一种气体，对生命（呼吸）不可或缺。作为水分子的组成要素，氧原子也和生命息息相关。（第22页）

宇宙尘埃：在太空中遨游的物质碎屑。彗星会释放出很多这种物质。（第6页）

宇宙探测器：对月球和月球以外更远的天体进行探测的无人航天器。可以在行星轨道运行，也可以降落在天体表面。（第19页）

陨石：落在行星上的石块或太空碎片。进入大气层后，陨石会燃烧，成为流星。那些比较大块的陨石在接触地表（尤其是月球这种没有大气层的天体）时，会凿出陨石坑。（第2页）

Z

质量：在天文学中指物质的数量，它决定了重力（吸引力）的大小。（第12页）

中子星：红巨星之后极少数恒星的末期阶段，是红巨星坍缩的产物，其密度比白矮星更大。（第12页）

自转轴：陀螺围绕着它的轴柄旋转，这根轴柄就是自转轴。一个物体即使没有实体轴也能自转：当一个溜冰者做单脚旋转动作时，他其实是围绕着一条经过身体中心的虚拟线旋转。对地球来说，它的自转轴是一条经过地心和两个极点（北极和南极）的虚拟轴。（第23页）